U0283964

玻璃生产节能降耗技术问答丛书

玻璃熔窑保温技术问答

干皆康　主　编

魏中良　副主编

中国建材工业出版社

图书在版编目（CIP）数据

玻璃熔窑保温技术问答／干皆康主编．
—北京：中国建材工业出版社，2015.4
（玻璃生产节能降耗技术问答丛书）
ISBN 978-7-5160-1132-4

Ⅰ．①玻…　Ⅱ．①干…　Ⅲ．①玻璃熔窑-
保温-问题解答　Ⅳ．①TQ171. 6-44

中国版本图书馆 CIP 数据核字（2015）第 018517 号

内　容　简　介

　　《玻璃熔窑保温技术问答》以问答的形式从玻璃熔窑及保温的基本知识讲起，作者根据多年的应用实践详述了熔窑保温的材料选择及施工方法和步骤，同时结合工程案例图文并茂地展示了熔窑各部位的保温式样。书的最后介绍了部分最新的熔窑保温材料应用及节能效果。本书可供从事玻璃行业的管理干部、工程技术人员及有关大专学校师生参考。

玻璃熔窑保温技术问答

干皆康　主　编
魏中良　副主编

出版发行：中国建材工业出版社
地　　址：北京市海淀区三里河路 1 号
邮　　编：100044
经　　销：全国各地新华书店
印　　刷：北京雁林吉兆印刷有限公司
开　　本：710mm×1000mm　16K
印　　张：2.75
字　　数：35 千字
版　　次：2015 年 4 月第 1 版
印　　次：2015 年 4 月第 1 次
定　　价：**41.80 元**

本社网址：www. jccbs. com. cn　　微信公众号：zgjcgycbs
广告经营许可证号：京海工商广字第 8293 号
本书如出现印装质量问题，由我社网络直销部负责调换。联系电话：(010) 88386906

本 书 编 委 会

主　编：干皆康　中国中材国际海外事业发展公司玻璃工程设计院

副主编：魏中良　中国中材国际海外事业发展公司玻璃工程设计院

参　编：戴永善　天津新世纪耐火材料有限公司

　　　　武世峰　天津新世纪耐火材料有限公司

　　　　李　强　天津新世纪耐火材料有限公司

　　　　叶齐鸣　天津新世纪耐火材料有限公司

　　　　高延彬　廊坊开发区拓扑科技发展有限公司

　　　　张小民　中国玻璃陕西蓝星玻璃有限公司

　　　　郁　伟　原广东浮法玻璃有限公司

　　　　王春英　秦皇岛开发区金盛炉窑新技术有限公司

　　　　吕学贤　秦皇岛开发区金盛炉窑新技术有限公司

　　　　何忠华　秦皇岛开发区金盛炉窑新技术有限公司

总　序

　　我离开工作岗位多年，但近五十年在行业服务的建材情结让我总割舍不掉对行业发展的关注。耳闻目睹她的进步而兴奋不已，面对水泥、玻璃严重产能过剩带来的问题也犯愁。所好的是，党和国家对经济发展有一系列明确的战略和方针政策措施，经济呈现稳中有进的良好态势。平板玻璃工业面临着转型升级、结构调整和节能减排等艰巨任务，以我之见，必须在正确定向下倾行业企业之全力，加之调动各级政府和社会力量形成之合力，才能推动、落实解决好。我想到，鼓励"读书学习"，藉以全面提高企业和职工素质，不乏是有效的一招。因此，我很高兴地同中国建材工业出版社副总编辑佟令玫女士见面切磋这个话题。她带着即将出版的《玻璃熔窑全氧燃烧技术问答》的书稿来看我，讲到出版社面对发展中的中国平板玻璃工业，深感努力担当起"服务经济建设，传播科技进步"的沉甸甸的社会责任这副担子，他们意欲组织行业内外专家学者和科技管理干部更多地编著理论和实践相结合，受行业职工和社会读者喜爱的玻璃科技书籍，我很赞成，也欣然答应为这套丛书写序表达支持。

　　这套丛书，涉及玻璃熔窑全氧燃烧技术、玻璃炉窑保温技术和Low-E节能玻璃三大方面的科技知识和技能，以问答的形式展现，我认为很实用，也很便于读者学习。在现阶段，玻璃方面的图书不多，能够高度契合行业发展需求的图书就更是少了。这套技术问答丛书，让我眼前一亮，有久旱逢甘雨的感觉。行业里真的需要更多的人参与技术和产品的研发创新，需要更多元的形式传播科技成果，需要更多有担当的企业先行示范。这套丛书，将成为玻璃行业科技成果展现的好载体。

　　看到有这么多科技专家在玻璃工业领域潜心研究，并参与图书创作编写，我感到很欣慰。秦皇岛玻璃工业设计研究院、中国南玻集团股份有限公司以及中国中材玻璃工程设计院都是对我国平板玻璃工业进步发展有重要贡献的著名科技型企业，他们的专家担纲主持编写，对这套丛书的质量和水平有了保障。我看到了玻璃行业的未来和希望，感谢他们为推动我国玻璃工业科技进步所付出的心血和努力，这种求真务实、甘于奉献的精神值得学习。我也想借此表达我对中国建材工业出版社为行业的发展做出的努力和贡献的感谢。

祝丛书出版发行成功！

中国建筑材料联合会　名誉会长

2014 年 7 月 20 日

序 言 （一）

在玻璃行业广大干部职工和技术人员的共同努力下，经过改革开放以来近三十年的发展，我国玻璃工业取得了长足的发展，为我国经济发展做出了重要贡献。目前，玻璃生产线超过 300 条，规模居世界第一，产品质量、品种、技术水平等也已经接近世界先进水平，特别是开发应用了全氧燃烧、窑体保温、先进燃烧技术、余热发电、烟气治理以及节能减排技术等，使平板玻璃能耗显著降低，技术水平明显提高。

熔窑是玻璃生产的主体热工设备，能耗占企业总能耗的 80%，只要抓住了这个关键，玻璃行业节能降耗才能有的放矢。从技术方面来讲，提高熔窑热效率需要采取多方面的措施，实践证明熔窑保温技术是节约能源、提高熔化率、改善熔制质量以及提高窑龄的有效措施，应在全行业普及应用。

中材国际玻璃工程设计院干皆康院长等行业专家将理论与实践精心整理，编辑出版《玻璃熔窑保温技术问答》，为玻璃行业做了一件非常有意义的事情。拜读之后，感觉该书针对性强而不失全面、简练易懂而不失深度、理论与实践结合紧密，既适合工程技术人员使用，也适合研究人员使用，还可以作为行业专业培训教材使用。

在此，作为长期从事玻璃行业工作的一员，我首先对《玻璃熔窑保温技术问答》的出版表示祝贺！同时也非常愿意向行业同仁推荐，因为这是我们可资共享的财富！

中国建筑玻璃与工业玻璃协会

常 务 副 会 长 兼 秘 书 长　　张伯恒

序 言（二）

　　玻璃，自公元 12 世纪作为商品问世以来，在人们的生产生活中一直扮演着不可或缺的角色。1904 年，中国第一个工业化生产的玻璃公司——博山玻璃公司在山东淄博诞生，由此开启了中国近代工业文明之门。无处不在的玻璃，无论是用于装点建筑、制作门窗，亦或是用于汽车、通信设备、航空航天设备，作为一种古老的建筑材料，随着现代科技水平的提高，各种功能独特的玻璃纷纷问世，兴旺了玻璃家族。

　　玻璃产品丰富多样，她亮相于北京奥运会奥运场馆和世博会建筑等重要工程，也涌现了一些跨国企业全球玻璃供应商。近年来玻璃行业产能过剩，尤其是玻璃生产过程中造成的能源浪费、环境污染等现象，着实令人堪忧。

　　玻璃熔窑是玻璃生产过程中重要的大型设备之一，燃料在熔窑内燃烧产生高温熔化配合料，也是能源消耗的主要部分，因此熔窑的节能降耗尤为重要。得知由中材国际海外事业发展公司玻璃工程设计院干皆康院长主持编写的《玻璃熔窑保温技术问答》一书将由中国建材工业出版社出版发行，很是欣慰。干院长从事平板玻璃及加工玻璃行业研究设计工作 30 余年，对国内外平板玻璃熔窑结构及熔窑保温材料颇有研究，在本书付梓之际，我有幸通读，并从中有所收获：

　　《玻璃熔窑保温技术问答》一书针对当前社会节能降耗绿色生产的现状，从玻璃熔窑的各组成部分，包括大碹、池壁、胸墙、小炉、池底、蓄热室等方面介绍了保温的施工方法和操作步骤，并对各部分保温材料的选择进行了介绍，同时给出了各部分保温技术的工程案例，最后介绍了新的保温产品，既有一定的理论深度，又有实际应用，对从事玻璃熔窑相关工作的科研院所和科技人员具有重要的参考价值。

希望该书的出版能推动玻璃产业炉窑保温技术的推广应用，在全球能源日益紧张及环境污染越发严重的情形下，启示人们开源节流、节约能源；同时希望行业同仁能提出更多建设性的意见，为行业的发展、国家节能降耗产业的提升献计献策。

预祝《玻璃熔窑保温技术问答》一书的出版发行取得圆满成功。

中国建材联合会副会长
金晶（集团）有限公司董事长

作者简介

干皆康，男，1958 年 11 月生，教授级高级工程师。历任国家建材局秦皇岛玻璃工业研究设计院试验厂副厂长、研究所所长、科技实业总公司副总经理、院长助理、高级工程师；秦皇岛燕大宇翔玻璃工程有限公司董事长、总经理高级工程师；北京国宇建材装备有限公司董事、总经理、高级工程师；2010 年至今担任中国中材国际海外事业发展公司玻璃工程设计院院长、高级工程师。

作者被评为"中国国际工程咨询公司玻璃专家"，一直从事平板玻璃及加工玻璃行业研究设计工作，工作期间亲自参与和主持的工程设计项目有 50 余项，其中有 10 余项分别获得建材行业（部级）优秀工程设计一、二、三等奖。

作者简介

魏中良，男，汉族，1965年12月生，大学本科学历，学士学位，教授级高级工程师。1988年7月毕业于武汉工业大学（现武汉理工大学），主要从事玻璃工厂熔制工艺及玻璃熔窑设计，现任中材国际海外事业发展公司玻璃工程设计院玻璃技术总监。

1988年7月大学毕业分配到国家建材局秦皇岛玻璃工业设计研究院工作，历任助理工程师，工程师、高级工程师。工作期间从事玻璃工厂熔制工艺主体设计，并担任工程项目经理。

2001年6月至2006年6月在秦皇岛燕大宇翔玻璃工程有限公司工作，从事玻璃工厂熔制工艺及玻璃熔窑设计，任公司总工程师。

2006年6月至2010年3月在北京国宇建材工程有限责任公司工作，从事玻璃工厂熔制工艺及玻璃熔窑设计，任公司总工程师。

2010年3月至2011年12月在中国建材装备有限公司工作，从事玻璃熔窑设计及开发，任公司技术中心玻璃技术总监。

2011年12至今在中材国际海外事业发展公司玻璃工程设计院工作，从事玻璃熔窑设计及开发，任玻璃技术总监。

对国内外平板玻璃熔窑结构及熔窑保温材料进行了多年的研究及应用实践，并通过与国际知名窑炉设计公司的多年工作合作，熟悉国际先进窑炉的设计理念及发展方向。从事玻璃工艺、玻璃熔窑工程设计工作近三十年，先后完成了几十个项目工程设计，并多次获得部级优秀设计一、二、三等奖。

前　言

　　节能是我国经济和社会发展的一项长远战略方针，也是当前工业企业发展的主旋律。随着《平板玻璃单位产品能源消耗限额》国家标准的颁布实施，玻璃工业节能降耗极为紧迫。玻璃熔窑是玻璃工业能源消耗的主要热工设备，其能源消耗量占玻璃生产能源消耗总量的80%左右。熔窑的热损失主要通过表层散热，散热量约为热量总支出的1/3，熔窑保温是减少热损失的主要手段之一。

　　国内玻璃窑炉在二十世纪七八十年代开始注意和采用窑炉的保温。在这个过程中玻璃窑炉的保温大都局限在窑炉的大碹和蓄热室碹顶部，保温的方式以简易保温为主。二十世纪八十年代末才把重点放到玻璃熔窑保温的结构设计方面。随着保温技术的不断完善以及新材料的不断开发与应用以及对节能降耗要求的不断提高，传统的保温方式逐渐被淘汰，取而代之的是全保温技术。全保温技术的推广与应用使得熔窑外表面温度降至80℃以下，散热损失减少90%以上，达到了节能降耗的目的。

　　本书应中国建材工业出版社之邀而作，以飨读者。由于时间仓促，书中难免有错漏之处，恳请读者批评指正，以备修订改正。

编　者
2015 年 3 月 1 日

中国建材工业出版社
China Building Materials Press

我们提供

图书出版、图书广告宣传、企业/个人定向出版、设计业务、企业内刊等外包、代选代购图书、团体用书、会议、培训，其他深度合作等优质高效服务。

编辑部	宣传推广	出版咨询	图书销售	设计业务
010-88385207	010-68361706	010-68343948	010-88386906	010-68361706

邮箱：jccbs-zbs@163.com　　网址：www.jccbs.com.cn

发展出版传媒　服务经济建设

传播科技进步　满足社会需求

目　录

第一章　玻璃熔窑保温知识问答 ……………………………… 1

1. 什么是玻璃熔窑？ ………………………………………… 1

2. 玻璃熔窑有哪些类型？ …………………………………… 1

3. 玻璃熔窑的主要组成结构是什么？ ……………………… 2

4. 如何保障玻璃熔窑内部温度的恒定与稳定？ ………… 3

5. 熔窑实施保温的意义是什么？ …………………………… 4

6. 玻璃熔窑保温的施工方法有哪些？ ……………………… 4

7. 玻璃熔窑大碹冷保温施工步骤是什么？ ………………… 4

8. 玻璃熔窑热保温的种类有哪些？ ………………………… 5

9. 玻璃熔窑热保温施工步骤是什么？ ……………………… 5

10. 玻璃熔窑保温部位有哪些？ ……………………………… 6

11. 大碹保温常用的材料有哪些？ …………………………… 6

12. 玻璃熔窑大碹保温对大碹砖材质有什么要求？ ……… 6

13. 大碹保温对烤窑有什么要求？同时要注意什么？ …… 7

14. 平板玻璃熔窑大碹保温后会加速大碹的侵蚀吗？ …… 8

15. 横焰窑大碹保温后对熔化作业及生产有影响吗？ …… 9

16. 池壁保温常用的材料有哪些？ …………………………… 9

17. 熔化部池壁的保温怎样实施较好？ ……………………… 9

18. 池底保温常用的材料有哪些？ …………………………… 10

19. 池底保温常用的保温形式有哪些？ …………………… 10

20. 胸墙保温常用的材料有哪些？ …………………………… 10

21. 胸墙保温怎样实施？ ……………………………………… 10

22. 小炉保温常用的材料有哪些？ …………………………… 11

23. 小炉保温采取何种方式比较好？ ………………………… 11

24. 蓄热室保温常用的材料有哪些？ ………………………… 12

25. 蓄热室应采用什么样的保温措施？ ……………………… 12

26. 保温常用的不定型材料有哪些特性？ ……………………………………… 13

27. 如何选择保温材料？ ………………………………………………………… 13

第二章 工程案例 ……………………………………………………………… 14

1. 熔化部大碹保温 ……………………………………………………………… 14

2. 冷却部大碹保温 ……………………………………………………………… 16

3. 熔化部胸墙保温 ……………………………………………………………… 18

4. 熔化部池壁保温 ……………………………………………………………… 18

5. 冷却部池壁保温 ……………………………………………………………… 19

6. 蓄热室保温 …………………………………………………………………… 19

7. 小炉保温 ……………………………………………………………………… 20

8. 山墙保温 ……………………………………………………………………… 21

第三章 保温材料新产品介绍 ………………………………………………… 22

INSPRAY 系列保温喷涂材料介绍 …………………………………………… 22

防辐射涂料及隔热保温板新产品介绍 ……………………………………… 25

参考文献 ……………………………………………………………………… 27

第一章 玻璃熔窑保温知识问答

 1. 什么是玻璃熔窑？

玻璃熔窑是将按玻璃成分配好的粉料和熟料（碎玻璃）在高温下熔化、澄清并形成符合成型要求玻璃液的热工设备。

 2. 玻璃熔窑有哪些类型？

（1）按使用热源分

火焰窑：以燃烧燃料为热能来源。燃料可以是煤气、天然气、重油或煤等。

电热窑（电炉）：以电能作为热能来源。按热生成方法与热量传给玻璃粉料的方法又分成电弧炉、电阻炉（直接电阻炉和间接电阻炉）及感应电炉三种。

火焰-电热窑：以燃料为主要热源，电能为辅助热源。

（2）按熔制过程连续性分

间歇式窑：玻璃熔制的各个阶段系在窑内同一部位不同时间依次进行的，窑的温度制度是变动的。

连续式窑：玻璃熔制的各个阶段系在同一时间窑不同部位同时进行的，窑内温度制度是稳定的。

（3）按烟气余热回收设备分

蓄热式窑：按蓄热方式回收烟气余热。

换热式窑：按换热方式回收烟气余热。

（4）按窑内火焰流动的方向分

横焰窑：窑内火焰作横向（相对于窑纵轴而言）流动，与玻璃液流动方向相垂直。

马蹄焰窑：窑内火焰呈马蹄形流动。有平行马蹄形，垂直马蹄形和双马蹄形几种。

纵焰窑：窑内火焰作纵向流动，与玻璃液流动方向相平行。

（5）按制造的产品分

平板玻璃窑：制造平板、压延、夹丝等玻璃。

日用玻璃窑：制造瓶罐、器皿、化学仪器、医用、电真空及其他工业玻璃。

（6）按窑的规模分

根据产量或熔化面积分成大、中、小型，目前有几种划分方法，尚未统一。

3. 玻璃熔窑的主要组成结构是什么？

玻璃熔窑的结构主要包括：投料系统、熔制系统、热源供给系统、废气余热利用系统、排烟供气系统等。玻璃熔窑由于采用的加热方式不同，结构形式有较大差别。

火焰熔窑指以煤、重油、煤气或天然气等为燃料的熔窑。燃煤的坩埚窑设火箱，煤燃烧后产生半煤气，在喷火筒内与二次空气混合燃烧，火焰在窑膛空间传递热量。燃油的坩埚窑设油喷嘴，喷出油雾在喷火筒内燃烧。燃煤气的池窑设有小炉，它由空气通道、煤气通道、舌头、预热室和喷出口组成。燃油的池窑设小炉，由油喷嘴、空气通道和喷出口组成。池窑内火焰流动方向与窑轴垂直的称横火焰窑，与窑轴相一致的称纵火焰窑，与窑轴相一致并呈马蹄型回转的称马蹄焰窑。为使玻璃液在冷却部得到冷却，在熔化部与冷却部间设有花格墙、矮碹或吊墙等分隔装置，底部设流液洞、浮挡砖、卡脖，以调节液流和挡住未熔砂粒浮渣，用冷却水管冷却玻璃液。火焰熔窑内火焰离开窑膛带有大量余热，可用于加热助燃空气和煤气，以提高火焰温度和节约燃料。回收余热主要采用蓄热室或换热器。蓄热室利用格子砖蓄积从窑膛内排出的烟气的部分热量并储存。隔一定时间后加热作业换向，格子砖再把蓄积的热量传给进入蓄热室的助燃空气和煤气。为此，蓄热室必须成对设置，使间接的加热作业连续化。换热器用陶质构件或金属管道作传热体，将烟气热量通过通道壁连续传给助燃空气。坩埚窑多采用换热式，池窑多采用蓄热式。

电熔窑以电能为热源。坩埚窑有电阻加热和感应加热两种加热方式。熔制光学玻璃的坩埚窑一般在窑膛侧壁安装碳化硅或二硅化钼电阻发热体，进行间接电阻辐射加热。有的熔制特殊玻璃的坩埚窑采用感应加热方式，靠在窑中及玻璃液中感应产生涡电流进行加热。池窑直接用窑内的玻璃液作发热电阻，可在玻璃液不同深度处布置多组和多层电极，使玻璃液发热，并通过调节耗电功率控制温度制度。

火焰-电熔窑以火焰热源为主，玻璃液电阻发热为辅的混合型池窑。作业运行与火焰池窑相似。

4. 如何保障玻璃熔窑内部温度的恒定与稳定？

保障玻璃熔窑内部温度的恒定与稳定是稳定生产、提升产品质量的必要条件。做到玻璃熔窑内部温度的恒定与稳定，目前最好的解决方案是减少热辐射损失和热量传导损失。除耐火砖处理技术以减少热辐射外，就是玻璃熔窑的全保温技术。

玻璃熔窑的保温，目前国内外的发展差别较大。我国生产规模较小的熔窑较多采用全保温，而一般大、中型熔窑仅做到了局部保温。

玻璃熔窑的保温，应本着合理保温的原则，能保则保。如果因保温而导致窑体寿命缩短，或不利于提高玻璃液质量，或需要太多的资金投入，则对保温应持审慎态度。为了环保、节能、降耗的目的，玻璃熔窑全保温推广势在必行。

一般说来，从投料口到通路，从窑顶到烟道全部高温下的窑体均可以进行保温，不同部位的保温方法和保温程度略有不同。若为了使冷却部能均匀散热从而使玻璃液能按规定速率均匀冷却，则不宜保温。若冷却部面积过大，可适当保温，以减小降温速率。

在保温材料的选用上，应考虑各个环节因素且满足各项技术要求。如导热系数、允许使用温度、机械强度、化学性质、施工量等方面的要求。

5. 熔窑实施保温的意义是什么？

玻璃的形成主要是利用燃料在熔窑中燃烧所产生的热量熔化配合料而形成的胶熔性液体玻璃水，再经过较为复杂的温控、工艺设备及操作手段而得到最终成品。温度越高其流动性越好，而在此过程中燃料燃烧所产生高温使配合料熔融是关键。在能源日益紧张及环境污染越发严重的情形下，节约降耗、使有限的能源达到最大的效率；用有限的燃料生产出高质量产量的成品，在市场经济中显得尤为重要。

众所周知，玻璃熔窑是玻璃生产过程中重要的大型热工设备之一，燃料在熔窑内燃烧产生高温而熔化配合料，是能源消耗的主要部分。熔窑的结构主要有窑池、胸墙、大碹、小炉、蓄热室、冷却部等，各部根据温度的高低与面积不同而散热量不同。一般大窑上散热量大碹、池壁及胸墙占 6%～8%，小炉占 4%～6%，蓄热室占 11%～13%，将该比例降下来，即可降低能源消耗，同时废气排放也相对减少，对改善空气污染和保护环境均起到良好的作用，因此说熔窑保温意义重大。

6. 玻璃熔窑保温的施工方法有哪些？

玻璃熔窑保温的施工方法分为冷保和热保。冷保即冷态保温，在做好保温后再烤窑；热保即热态保温，在烤窑过大火后再做保温。

7. 玻璃熔窑大碹冷保温施工步骤是什么？

熔化部大碹的保温：清扫完碹外表面后，先抹一层优质硅火泥灌缝，然后捣打一层（约 40mm）硅质密封料，再干砌两层（约

135mm）轻质硅砖。整个大碹除在碹中间留出 2m 宽不保温外，其余从滴溜槽处往上全保温。

蓄热室碹的保温：清扫完碹外表面后，先抹一层优质硅火泥灌缝，然后捣打一层硅质密封料，再干砌两层轻质硅砖，最后抹一层可塑保温料，除碹中间留出 1m 宽不保温外，其余全保温。

 8. 玻璃熔窑热保温的种类有哪些？

工业窑保温的方式多种多样：有一般性保温、简单形式的保温及实用型保温、加强型保温。

一般性和简单性保温常用在很小的工业窑炉上，它们是间隙性生产，连续性不强，对窑炉的温度一般能达到要求即可，对燃料消耗一般不计成本，是小作坊式生产模式。

加强型保温一般用在高附加值产品的工业窑炉口，它对窑炉温度要求高得多，产品质量要求也严格得多，该种工业窑炉也属于中小型工业炉。

平板玻璃熔窑日熔化量在 $500\sim1200t$，一般采用实用型保温方法。

 9. 玻璃熔窑热保温施工步骤是什么？

先将大碹胀缝上所盖的硅酸铝毡清理干净，并用压缩空气吹扫彻底，由专业保窑瓦工将胀缝封堵好，并用优质硅质热料逐层灌死捣打结实，直到与大碹外表面高度相同。

对大碹在烤窑过程中逐节（两胀缝之间为一节）铺盖的硅酸铝毡进行清理，并用压缩空气吹扫干净。

仔细检查烤窑过程中大碹碹面情况，是否有抽签漏火现象，并及时处理好（必须由专业人员用优质硅质热补料填补）。

以下举例保温方案实施步骤：

首先，在碹面涂抹≥3mm 厚硅质密封泥浆，填堵大碹所有小缝隙，增加大碹气密性，所用硅质密封泥浆耐火度＞1700℃。

第二层，使用硅质密封料≥40mm，其耐火度≥1700℃，导热系数≤0.35W/（m·K），其施工方式与砌筑大碹相同，由两侧向中间逐步进行，只是速度要快得多（注意：对砌大碹所留胀缝避开不处理），使用模块既均匀又快速，对所施工中的密封泥料压光压实，到大碹中留800～1000mm间隙等最后统一处理。这是因为保温层施工后，大碹外表面温度随着保温工作的完善，温度也在逐步升高，最终达到1200℃左右，大碹表面还有剩余膨胀量，因此还需对大碹拉条进一步调整，等一切稳定之后方可处理所留空隙。

第三层，使用＜0.8g/cm³轻质砖两层（130mm厚）。

第四层，用硅质可塑料30mm厚，其导热系数≤0.23W/（m·K）。

最后一层，涂抹100mm厚复合型保温涂料，耐火度≥1200℃，导热系数≤0.25W/（m·K）。该保温涂料有一定的强度和使用寿命，以便于保窑工作人员随时上窑检查踩踏，而不至于损坏。

通过以上方式处理后，大碹外表面温度从没保温前的＞230℃，降至≤120℃，极大地减少了热量散失和改善了工作环境。

10. 玻璃熔窑保温部位有哪些？

熔化部保温部位有大碹、胸墙、池壁和池底；冷却部保温部位有大碹、胸墙、池壁和池底；小炉保温部位有顶碹、侧墙和小炉底；蓄热室保温部位有碹顶和侧墙；烟道保温部位有碹顶和侧墙。

11. 大碹保温常用的材料有哪些？

根据不同的保温方案常用材料有硅质密封泥浆、硅质密封料、硅质可塑料、轻质硅砖、陶瓷纤维毯。

12. 玻璃熔窑大碹保温对大碹砖材质有什么要求？

熔窑大碹保温的主要问题是选择适宜的保温材料和确定合理的保

温层结构。选择保温材料应满足各项技术要求，如导热系数、允许使用温度、机械强度、化学性质、施工量等。

玻璃的熔化温度一般控制在 1600℃ 左右，大碹保温常用的耐火材料性能如下：

优质硅砖：其耐火度≥1710℃，荷重软化温度≥1690℃，[Al$_2$O$_3$ + (K$_2$O+Na$_2$O) ×2] 熔融指数<0.5。同时优质硅砖体积密度小 (1.9g/cm^3)，尤其对大型玻璃窑炉来讲，小的体积密度极大地减小了整个大碹的质量，对大碹钢结构设计及建造成本也降低了不少。

硅泥：在常温下就具有较好的粘结性，并在高温下不开裂。其性能如下：

耐火度：1675 ℃；

重烧线膨胀：(1450℃×3 h)：-0.1%；

耐压强度：(1450℃×3 h)：468MPa；

真密度：238g/cm^3；

保温密封料：其特点是稳定性好，耐碱、油、水浸泡和弱酸腐蚀，不开裂、不粉化，长期使用不变形、不脱落，隔热性能不退化，重量轻、热阻大，施工方便，直接涂抹，随机成形，成形后无缝隙，整体密封性好，本体透火时，表面颜色发生变化，易于发现本体受损处；

浆体密度：1200kg/cm^3；

浆体体积收缩率：≤20%；

最高使用温度：1200℃；

干燥密度：260kg/cm^3；

导热系数：0.33 kcal/ (m·h·℃)；

粘结强度：>15kPa。

13. 大碹保温对烤窑有什么要求？同时要注意什么？

烤窑即熔窑砌筑施工完成后及其生产准备工作就绪后正式投产的

开始，在烤窑开始前将大碹碹面清理干净，平铺一层 20mm 厚硅酸铝纤维毡，其目的是在烤窑时，窑内温度在逐步升温的过程中，以减小大碹内外温差，同时由于热膨胀能使其内外均达到膨胀，使实施正式保温时减少二次膨胀的量。在没铺盖硅酸铝毡的情况下，烤完窑稳定后，大碹表面温度在 220℃ 左右，而铺盖过的大碹表面温度则达到 700℃ 左右，因此，盖硅酸铝毡能使保温后大碹更稳定。

烤窑过程要以设计设定的升温曲线逐步升温，切记不可升温过快，以免对大碹硅砖造成损坏，影响大碹使用寿命。

烤窑的升温曲线是根据大碹所用硅砖的特点而设定的，硅砖内主晶相为方石英和磷石英，还含有很少的残余石英，随着温度的逐步升高，石英晶体相互转变，在石英晶体转变的过程中，硅砖会在某温度点上体积膨胀，因此在该温度点上要么保持温度不变，稳定≥8 小时，要么降低升温速度，缓慢升温。根据烤窑经验，由于大碹内外温差形成温度梯度，缓慢升温的效果更好些。

现在烤窑基本上由专业的烤窑公司承接，他们的专业性强，设备先进，经验丰富，且会根据大碹所用的砖材材质和结构给出升温曲线，并布置胀尺的点，同时根据升温结合胀尺的变化随时调节大碹拉条。（注意：调节拉条一定要横向两侧同时调整，以免大碹跑偏。）

对烤窑过程中大碹砖抽签等情况要注意观察，由专业人员随时处理，切记千万不能用塞铁片的形式处理抽签碹砖。

14. 平板玻璃熔窑大碹保温后会加速大碹的侵蚀吗？

平板玻璃生产的配合料中 Na_2CO_3 是主要的化工原料，在高温作用下形成 Na_2O，除熔融到玻璃成分中之外，有少量的随燃料燃烧后的废气被排走，也有的在高温下形成碱性气体，这些气体在 1000～1300℃ 时会在该部位出现碱金属冷凝现象。若大碹的气密性不好，在漏点上从内到外形成温度梯度，而 1000～1300℃ 区间出现的冷凝，会使碱金属氧化物与酸性大碹硅砖出现酸碱低共融现象，加速大碹的侵蚀。尤其是在没有采用保温的大碹上，会在短短的一年内使大碹千疮百孔，给保窑工作及生产造成巨大损失，也会大大缩短大碹的使用寿命。

大碹在保温前，选用优质硅砖，提高了材料本身性能，加上使用了优质胶质性硅泥，采用无缝砌筑方式，增加了大碹气密性，同时烤窑升温更加专业稳定，加之后期保温工作开始所增加的气密性涂料精心施工，保温后大碹碹砖内外温度梯度小，整个大碹温度提高，碱金属气体凝结的条件丧失，也就不会出现酸碱低共融现象。因此，大碹保温延长了大碹的使用寿命，对大碹是一种更好的保护。

15. 横焰窑大碹保温后对熔化作业及生产有影响吗？

横焰窑燃料燃烧时的火焰紧贴配合料面或玻璃液面加热，而火焰对熔化的作用仅为30%多，其余的60%多由大碹热反射来完成整个配合料的熔化。因此大碹保温后，整个大碹碹体温度提高，形成一个大的蓄热体，对于熔化操作过程中燃料燃烧的波动等，熔化温度非常稳定，对熔化操作的温度，对提高熔化率及澄清均化起到了良好的稳定作用。保温后由于燃料消耗降低，助燃风量也相对减少，玻璃生产中的四小稳中，窑压、温度、泡界线这三点可稳，对产品产质量均提高起到了保障。

16. 池壁保温常用的材料有哪些？

锆质捣打料、黏土砖、高铝砖、硅钙板、烧结电熔砖、陶瓷纤维板等。

17. 熔化部池壁的保温怎样实施较好？

液面线以下200～300mm之内的池壁不能保温，需加强冷却；

为防漏料，池壁保温时应让出砖缝；熔制深色玻璃时下层池壁一般可不让出砖缝，最好将砖缝内灌注密封料封严。

池壁码放要整齐均匀，每块池壁砖之间留有不大于 2mm 的胀缝，而缝隙内一定要干净，不能有任何杂物，然后用胶带封好；

池壁与保温层间留有 40mm 间隙，用 AZS（电熔锆刚玉）捣打料逐层捣实，在捣打 AZS 料前，池壁砖缝上紧贴一张 40～50mm 宽、1～2mm 厚的硬纸板，以防在捣打 AZS 料的过程中将捣打料填入池壁砖缝中；

保温层采用密度为 0.4g/cm³ 的轻质高铝砖，随着耐火材料生产加工工艺的提高，可用定型的大块板型轻质高铝砖，厚度 100mm；

最外层使用 60mm 厚黏土板砖，以增加钢结构对池壁的支撑作用。

18. 池底保温常用的材料有哪些？

黏土砖、硅钙板、低气孔黏土砖、锆莫来石砖、硅酸铝纤维毡等。

19. 池底保温常用的保温形式有哪些？

池底保温时要严防发生飘砖和漏料。常用的保温形式有固定保温和活动保温。

20. 胸墙保温常用的材料有哪些？

黏土砖、硅钙板、陶瓷纤维板、高铝砖等。

21. 胸墙保温怎样实施？

胸墙保温时要注意把钢结构露出来，以免温度过高影响其强度；胸墙所处位置特殊，外有熔窑大立柱，只能与池壁一样实施冷保措施，即在砌筑施工中实施。熔窑设计中就将该处保温层及胸墙砖的规格尺寸设计完成，施工操作较为简单，按设计施工即可。

22. 小炉保温常用的材料有哪些？

锆质捣打料、黏土砖、硅钙板、密封料、隔热保温料、无石棉保温板等。

23. 小炉保温采取何种方式比较好？

小炉是玻璃熔窑结构中重要的部分，也是燃料燃烧的重要设备之一。

小炉结构根据燃料种类而结构不同。用天然气、重油、城市煤气、焦炉煤气及石油焦粉的小炉结构大同小异，结构简单，它的作用主要是提供燃料燃烧时所用的高温助燃空气和排出燃烧后废气的通道。而发生炉煤气做燃料的小炉结构要复杂的多，它既是燃烧设备又是废气通道，该处既要经受约 1700℃ 的高温，又要经受高温气流的冲刷，还要经受金属氧化物的侵蚀，对耐火材料要求相当高。小炉的斜墙、斜碹、平碹及小炉底板，均已采用 33# 电熔锆刚玉砖材，它既经受住了长期稳定使用的考验，又为保温提供了先决条件。尤其是发生炉煤气小炉，由于结构复杂易烧损，也是保窑工作最难操作的部位之一。

做好小炉的保温，降低了小炉周围空间的温度，也同时改善了保窑工作者的操作环境。由于减少了热耗，提高了废气排放的温度。

小炉直墙墙体保温与斜墙相同，由于小炉间隙小，钢结构复杂，暴露在外的墙面不多，施工难度较大，因此斜墙一般在设计和施工中一并完成。通过多次保温实际操作，斜墙保温冷保基本损坏 70% 以上，给后续工作带来许多操作上的麻烦。因此，设计时只考虑留有保温空隙，施工中不预砌筑，等烤窑结束之后进行热保，即保证了斜墙在烤窑过程中所出现问题的预处理，又确保了保温工作的稳定彻底。其方法是：

对斜墙变形后的砖缝用 AZS 热补料彻底补死；

根据斜墙形状裁好同样尺寸的陶瓷纤维保温毡；

在保温毡上涂抹 3mm 厚高温胶，按斜墙形状紧贴在斜墙上压实即可（注意：避开钢结构件 30mm）。

小炉斜碹与平碹的保温操作步骤：

先用 AZS 热补料将碹面灌缝并将斜碹与平碹间胀缝处理好；

用 AZS 密封料 30～40mm 涂抹一层压实；

铺 2 层轻质高铝砖 130mm；

涂抹 30～40mm 厚高铝质可塑保温料，外层用双复合保温涂料 100mm 压实抹光即可。

24. 蓄热室保温常用的材料有哪些？

轻质黏土砖、轻质硅砖、密封料、陶瓷纤维绝热板、轻质硅砖、可塑料等。

25. 蓄热室应采用什么样的保温措施？

蓄热室碹顶，基本的耐火材料都是硅砖，其保温方式采用大碹保温所用材料、方式及步骤。

上部墙体保温，由于温度高，又处在主操作空间，高温对操作环境影响极大，做好该处保温，对热耗降低和改善操作环境具有积极的效果及意义。

第一层，涂抹防辐射涂料或双复合保温涂料 10～30mm；

第二层，用陶瓷纤维绝热板贴于保温涂料上 50mm；

第三层，拉上铁丝网，稳定好绝缘板，固定于蓄热室立柱上；

第四层，涂抹上复合性保温涂料 100mm。

经以上处理后，蓄热室上部外墙表面温度从 160℃ 左右降为≤65℃，操作环境即可改观。

下部蓄热室墙体保温，由于设计与施工过程中已使用保温砖，且温度较上部温度要低得多，因此涂抹 40～50mm 厚双复合保温涂料即可达到良好的保温效果。

26. 保温常用的不定型材料有哪些特性？

由一定颗粒级配的耐火集料（骨料和粉料），结合剂和外加剂组成的湿状、半湿状、干状，可直接用于构筑或修补工业窑炉衬体的耐火材料称为不定形耐火材料。与烧成定型耐火制品不同，用此类材料构筑衬体可形成无接缝整体内衬。

同烧成耐火制品比较，不定形耐火材料具有如下特点：

（1）制备工艺简单，生产周期短，劳动生产率高；

（2）适应性强，使用时不受工业窑炉结构形状限制，可制成任意形状；

（3）整体性好，气密性好，热阻大，可降低工业炉热损失、省能源；

（4）便于机械化施工，省工省时；

（5）对于损坏的工业炉内衬易于用不定形耐火材料进行修补，延长衬体使用寿命、降低耐火材料消耗。因此不定形耐火材料现已逐渐取代大部分烧成耐火制品而得到广泛应用。在冶金工业使用不定形耐火材料的比例已占耐火材料总使用量的 $45\%\sim70\%$。

27. 如何选择保温材料？

保温材料的选择应遵循下列原则：

（1）具有良好的保温性能，即导热系数要小；

（2）具有满足使用表面保温以后温度的性能，即具有一定的耐火度；

（3）具有高温稳定性，即在使用温度条件下不粉化，不脱落，导热系数不变化；

（4）具有较好的化学稳定性，即在使用过程中不得侵蚀或腐蚀本体结构，并粘结牢固；

（5）具有一定的强度和较轻的质量；

（6）经济上合理。

第二章 工 程 案 例

1. 熔化部大碹保温

本案例为冷保方案，硅质大碹的保温从内到外分 6 层，分别为：

第一层，13mm 厚的熔融硅质干粉料；

第二层，114mm 厚的硅质保温砖；

第三层，25mm 厚，耐热 1460℃陶瓷纤维毯；

第四、第五层，25mm 厚，耐热 1260℃陶瓷纤维毯；

第六层，25mm 厚，耐热 872℃陶瓷纤维毯。

以上保温在冷态时做好，注意预留每节间以及第一节和最后一节与前后墙之间的胀缝补做永久保温，烤窑完成后按下图示的方法密封胀缝。

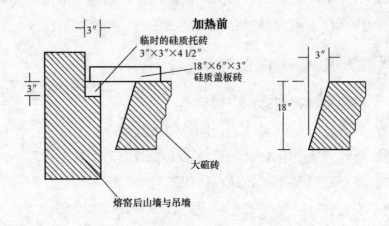

图 2-1　前山墙与大碹间的胀缝密封示意图

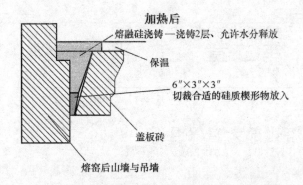

图 2-2　后山墙与大碹间的胀缝密封示意图

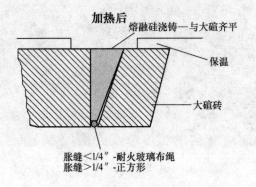

图 2-3　上间隙的胀缝密封示意图

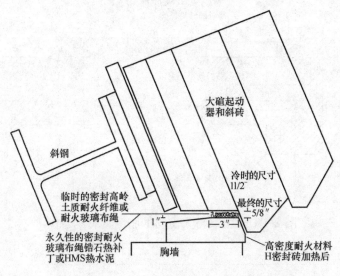

图 2-4　下间隙的胀缝密封示意图

2. 冷却部大碹保温

本案例为冷保方案。

硅质大碹烤窑前的临时保温用两层 50mm 厚表层为铝膜的玻璃纤维毯，结束烤窑后改为两层 25mm 厚耐热 1260℃ 的陶瓷纤维毯，第一层和碹砖间用 3～6mm 的硅质砂浆。

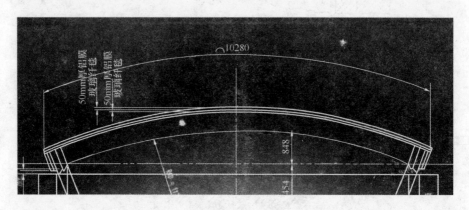

图 2-5　冷却部大碹保温示意图

预留每节间以及第一节和最后一节与前后墙之间的胀缝补做永久保温。

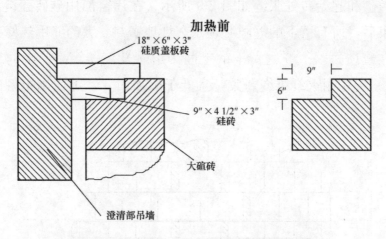

图 2-6　前山墙与大碹间的胀缝密封示意图

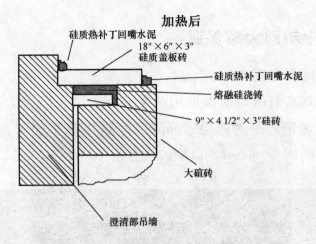

图 2-7 后山墙与大碹间的胀缝密封示意图

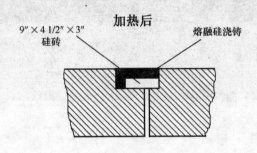

图 2-8 上间隙的胀缝密封示意图

在碹碹和起始砖处胀缝如图 2-9 所示，在烤窑前用硅砖盖缝。在膨胀结束后，所有留下的缝隙必须永久性地密封。大的缝用热修硅砖加工到在碹顶面以下 3″。留下的空间用熔融硅浇铸填平。小的缝隙（小于 1″）应用耐火纤维绳塞紧，且低于碹顶面 3″，上面用熔融硅浇铸填平。

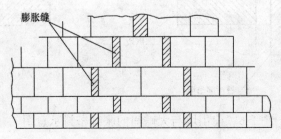

图 2-9 碹碹胀缝密封示意图

3. 熔化部胸墙保温

第一层用 114mm 厚，耐热 1540℃的保温砖，外层为 50mm 厚耐热 1428℃的陶瓷纤维板。

图 2-10　熔化部胸墙保温示意图

4. 熔化部池壁保温

第一层采用砖材，一般池壁顶下 305mm 下做保温，最上排 305mm 为 AZS，下部用干压成型的黏土砖；第二层为 13mm 厚耐热 1427℃的陶瓷纤维板；最外层为 13mm 厚的硅钙板。

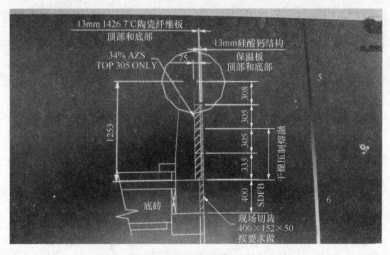

图 2-11　熔化部池壁保温示意图

5. 冷却部池壁保温

两层保温板，内层为 25mm 厚的硅钙板，外层为 25mm 厚耐热 1260℃的陶瓷纤维板。

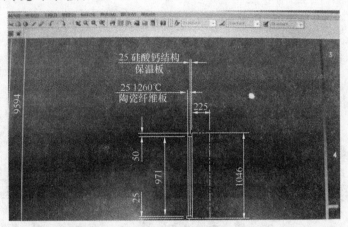

图 2-12　冷却部池壁保温示意图

6. 蓄热室保温

碹顶内层为 76mm 耐热 1428℃的保温砖，外层用 36mm 的陶瓷

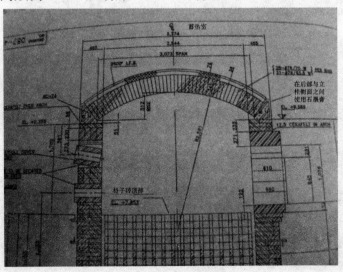

图 2-13　蓄热室保温示意图（一）

纤维毯；墙面采用 50mm 厚耐热 1300℃的纤维毯扎块，加外层硅酸铝贴纸。

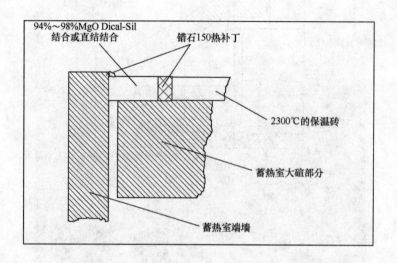

图 2-14 蓄热室保温示意图（二）

7. 小炉保温

小炉脖内层为 114mm 厚耐热 1650℃保温砖，外层用 50mm 厚硅钙板。

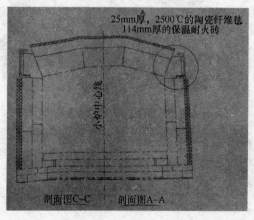

图 2-15 小炉保温示意图

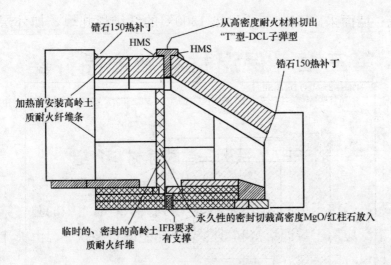

锆石150热补丁
HMS
从高密度耐火材料切出
"T"型-DCL子弹型
HMS
锆石150热补丁
加热前安装高岭土
质耐火纤维条
临时的、密封的高岭土
质耐火纤维
IFB要求
有支撑
永久性的密封切裁高密度MgO/红柱石放入

图 2-16　小炉侧墙保温图

8. 山墙保温

外墙采用 50mm 厚耐热 1428℃ 的陶瓷纤维板。

第三章　保温材料新产品介绍

INSPRAY 系列保温喷涂材料介绍

该产品来源于英国的专利技术，得到英国政府组织的独立第三方认证，广泛应用于玻璃熔窑和蓄热室等耗能设备保温上，由天津新世纪耐火材料有限公司（TNCR）生产。

INSPRAY 系列保温喷涂料主要成分为人造矿物纤维，非石棉材料和无机黏合剂，基于安全和环保的优异性能而广泛应用于玻璃工业。

INSPRAY 系列保温喷涂料，根据使用温度不同，分为INSPRAY-750，INSPRAY-950 和 INSPRAY-1250。

在通常情况下，采用保温喷涂料喷涂后，可以减少热量损失约40%，相当于节约了 3%～15% 的燃料。

INSPRAY 系列保温喷涂料与传统的外墙保温材料和施工技术相比，具有以下特点：

（1）选用的材料具有较低的导热系数，施工完毕后保温性能优越，能有效地减少窑炉热量损失，降低生产吨玻璃的燃料消耗。

（2）采用喷涂施工技术，保温层间形成错综复杂的网状结合方式，纤维深入墙体上的砖缝中，填充砖缝并且与墙体形成牢固结合，使用过程中不会出现剥落或者分层。

（3）INSPRAY 保温喷涂料性能稳定，使用寿命长久。

（4）喷涂施工操作简单快捷，施工工期短。

下面是几种常用保温材料与 INSPRAY-950 的导热性能对比。

为了说明 INSPRAY 系列产品的性能，选取其中的 INSPRAY-

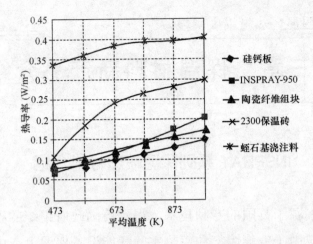

图 3-1　常用保温材料导热系数比较

950 作为示例，将其相关性能数据列表，这些数据是在喷涂密度为 250kg/m³ 和冷面温度为 40℃ 的条件下，采用 BS. 874 标准测量方法测定的。

表 3-1　INSPRAY-950 性能参数表

颜色 类白色-浅褐色	平均温度 （℃）	热导率 [W/（m·K）]
	100	0.055
最优工作温度范围 200～750℃	200	0.069
	300	0.088
	400	0.111
	500	0.136
上限温度 950℃	600	0.171
	700	0.222
	800	0.261

下图是熔窑大碹在采用保温图层材料喷涂前后的能量损失对比：通过该图可以看出，使用 INSPRAY 保温喷涂料（200mm）之后窑

外温度下降明显，热量损失明显减少。

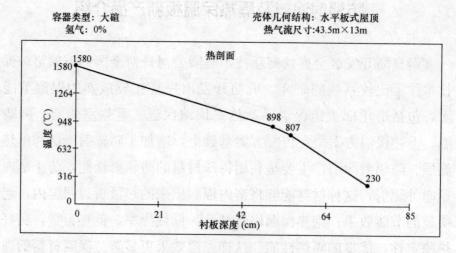

图 3-2　熔窑大碹保温前冷面温度和热量损失

壳体温度：	230℃	风速：	1.00km/h
环境温度：	40℃	容器温度：	1580℃
热通量：	2892.73W/m	冷面辐射系数：	0.10

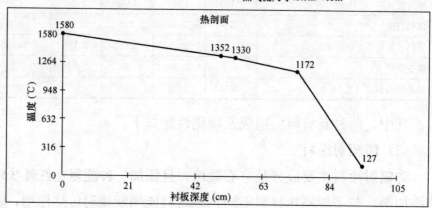

图 3-3　熔窑大碹保温后冷面温度和热量损失

壳体温度：	127℃	风速：	1.00km/h
环境温度：	40℃	容器温度：	1580℃
热通量：	1119.31W/m	冷面辐射系数：	0.10

防辐射涂料及隔热保温板新产品介绍

　　秦皇岛开发区金盛炉窑新技术有限公司针对全国的玻璃窑炉保温技术作了比较系统的研究，成功开发出一套比较成熟的保温节能技术，包括熔化部大碹保温、蓄热室顶碹保温、蓄热室侧墙、胸墙保温。上述保温方案是在传统方案基础上，增加了防辐射涂层和绝热保温层。防辐射涂层：主要是利用特殊材料的防辐射性能，防止窑内热量向外辐射，这种材料能够将窑内辐射出来的热量折射回窑内，起到明显的节能效果；绝热保温层特性是：低热导率，低热容量，良好的热稳定性，优良的隔热性能。这样保温效果更显著。保温材料的理化指标见表 3-2。

表 3-2　保温材料理化指标

产品名称 性能指标	硅质 密封料	轻质 硅砖	防辐射 涂料	隔热 保温层	复合硅酸盐 保温涂料
耐火度（℃）	1730	1600	1400	1300	1200
体积密度	2.0	0.8	0.6	0.22	0.25
导热系数［W/（m·K）］	—	0.32	0.123	0.153	0.035
线变化率（%）	0.2	0.34	1	3	2
最高使用温度（℃）	1620	1400	1300	1100	1000

　　其中，两种新材料的组成及理化性能如下：

　　（1）防辐射涂料

　　防辐射涂料主要成分是空心微珠，且添加一种能阻止红外线辐射的添加剂。与一般隔热材料不同，该材料能隔断辐射传热作用，防止熔窑内热量向外辐射。其具有隔热、耐热、使用寿命长、不老化、不脱落的良好性能；此外，其导热系数低，且导热系数随着温度升高变化不大，能起到显著的节能保温效果。

　　理化指标如下：

体积密度：　　　　　　0.8～1.0kg/cm³

耐火度；　　　　　　　1400℃

最高使用温度：　　　　1300℃

导热系数：　　　　　　0.123W/(m·K)

(2) 隔热保温板

隔热保温板主要成分是陶瓷纤维，此材料中采用了增强纤维材料，属于半硬板，可根据需要，施工成所需要的保温形状。其特点为：低热导率、低热容量、优良的隔热性能，能起到保温屏蔽作用，且具有良好的稳定性。

理化指标如下：

体积密度：　　　　　　0.22kg/cm³

耐火度；　　　　　　　1300℃

最高使用温度：　　　　1100℃

导热系数：　　　　　　0.106W/(m·K)

参 考 文 献

[1]　耐火材料[M].北京：冶金工业出版社，2007.

[2]　硅酸盐工业热工过程及设备[M].北京：中国建筑工业出版社，1980.

德清县杰能耐火材料有限公司

DEQINGXIAN JIENENG NAIHUO CAILIAO YOUXIAN GONGSI

德清县杰能耐火材料有限公司是一家专业从事高温隔热材料的供应与工程技术服务于一体的公司位于浙江省北部德清县莫干山麓。

公司主要产品

- 1000～1430℃陶瓷纤维
- 复合保温喷涂料、高硅氧纤维布
- 1600～1800℃晶体纤维制品
- 电熔AZS质、锆质、硅质等各类热补料及不定型捣打料

产品广泛应用于钢铁、水泥、玻璃、陶瓷、石油、化工、航天等行业的高温窑炉及热工设备上。

公司秉承客户的需求是我们发展导向，客户的满意是我们追求目标。致力于为客户提供优质的产品、专业的安装和技术咨询服务。

高温纤维板　　　陶瓷纤维毯　　　多晶莫来石贴面块

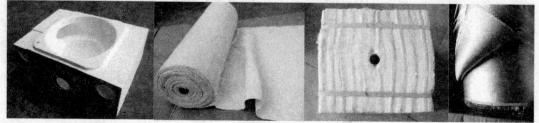

高温纤维异形件　　陶瓷纤维纺织品　　高温纤维折叠块　　高硅氧纤维布

德清县杰能耐火材料有限公司

地址：浙江省德清县武康镇经济开发区长虹东街345号
电话：0572-8082328/13706826260
传真：0572-8276328/8285598
邮编：313200
网址：http:www.dqjnnc.com
E-mail：dqhuasong@163.com

熔融石英热补料　　锆质不定型料　　骨料